Lieferung 22 Preis 1 Mark

Gesamtpreis des Werkes gebunden 25 Mark

DIE ZEICHENKUNST

METHODISCHE DARSTELLUNG DES GESAMTEN ZEICHENWESENS

UNTER MITWIRKUNG VON

A. ANDĚL, LUDWIG HANS FISCHER, M. FÜRST, O. HUPP, A. KULL, KONRAD LANGE, A. MICHOLITSCH, ADOLF MÖLLER, PAUL NAUMANN, F. REISS, A. v. SAINT-GEORGE, KARL STATSMANN, R. TRUNK, J. VONDERLINN UND HERMANN WIRTH

HERAUSGEGEBEN VON

KARL KIMMICH

ZWEITE VERBESSERTE UND VERMEHRTE AUFLAGE

MIT 1157 ABBILDUNGEN IM TEXT UND 60 TAFELN IN FARBEN- UND LICHTDRUCK

23 LIEFERUNGEN à 1 MARK UND 2 EINBANDDECKEN à 1 MARK
KOMPLETT IN 2 ORIGINALLEINENBÄNDEN 25 MARK

LEIPZIG
G. J. GÖSCHEN'SCHE VERLAGSHANDLUNG

Einzelne Lieferungen werden nicht abgegeben
Die Abnahme von Lieferung 1 verpflichtet zum Bezug des ganzen Werkes

Bildern und Gedanken bereichert und häufiger noch verderbt worden. Sie ist noch der Reinigung und auch der Weiterbildung fähig. Aber nur der, dem die unverletzlichen Grundgesetze einer Sprache ins Geblüt übergegangen sind, der kann, darf und soll seiner Individualität freien Lauf lassen und Neues und Eigenartiges schaffen. Wer ohne diese Vorkenntnisse in der Wappenkunst das Alte über Bord werfen und „was ganz Neues" an dessen Stelle setzen will, der gerät in die Nesseln. Denn zu einem Wappen gehören doch in erster Linie Schild und Helm, also Waffenformen, wie sie seit Jahrhunderten nicht mehr geführt werden. Will er sein modernes Bild in einen uralten Rahmen einmalen? oder will er etwa die heutigen Schutz- und Trutzwaffen als Substrate eines Wappens benutzen? Hier heißt es: entweder — oder. Entweder es ist das Wappenwesen eine überlebte mittelalterliche Spielerei — dann soll man aufhören, sich der Wappen zu bedienen; oder es werden noch Wappen neugebildet, von Souveränen als Auszeichnungen verliehen, von Künstlern aller Art zu hervorragendem Schmucke verwendet — dann ist es ein schöner und lebenskräftiger alter Brauch, dann muß man die Wappen aber auch nach den heraldischen Regeln gestalten; sonst erzeugt man vielleicht hübsche Bildchen, aber nie grammatisch-richtig redende Wappen. Auch hier gilt eben: Lernt Theorie, sonst bleibt ihr euer Lebtag praktische Stümper! Unter Theorie aber sind hier nicht die grauen Zwangsjacken perückiger Häupter, sondern nur jene gesunden Regeln verstanden, die aus den besten alten Wappendarstellungen fließen. Wer gründlich Lateinisch lernen will, der wendet sich nicht an die Lateinisch schreibenden Gelehrten des 16. und 17. Jahrhunderts, sondern er wird auf die Zeit zurückgehen, in der die Sprache noch Leben hatte. So muß auch einer, der sich verständlich heraldisch ausdrücken will, es an den Denkmälern der lebenden Wappenkunst erlernen; er muß die heutige Flottheit sowohl wie den Perückenstaub der letzten saecula beiseiteschieben. Dann kommt er zu dem Born, in den glühender Schönheitssinn mit eiskalter Vernunft zusammenfließt und dem, wie alle zu Recht bestehende Kunst, so auch jene Gebilde entsproßten, die sich in den Zeiten der praktisch ausgeübten Heraldik als lebens- und fortpflanzungsfähig erwiesen haben, die also zu Typen für die heraldischen Regeln geworden sind. Doch wohl zu verstehen: man soll den Geist der alten Heroldskunst erkennen lernen, nicht durch geistlose Wiederholung äußerlicher Formen die Kinder schrecken. Die ältesten Wappen sind in ihrer ernsten Einfachheit so schön, daß sie einem sehr warm machen können,

Aber es ist damit wie mit einem alten Sprachdenkmal. Wie würzig ist die Ursprache gegen die neuhochdeutsche Übertragung; und doch, wieviel adeliger steht letztere wieder einer altertümelnden Nachäffung der ersteren gegenüber. Ein Wappen im Stile der Züricher Wappenrolle (um 1330) in „Gold-, Silber- und Farbendruck" auf einem Briefkuvert wirkt wie etwa eine Speisekarte in nachgeahmtem Chronikendeutsch. Und woher kommt es, daß dieselbe Form einmal Begeisterung, ein andermal die Lachmuskeln erregt? Weil die Gleichheit der Form eben nur eine scheinbare ist, in Wirklichkeit aus jeder ein anderer Geist spricht: aus dem Original die Wahrheit, aus der Imitation der Schein. Im Munde Erwachsener will die Kindersprache nicht klingen. Wie man Gold am Golde kennen lernt, so muß auch der Zeichner die Wappenkunst nicht an Nachahmungen, sondern an den schönsten Originalen erlernen. Dann wird deren Geist, verjüngt durch des Künstlers besondere Eigenart, aus seinen Werken sprechen.

Heraldische Literatur.

Originalwerke aus der Blütezeit der Wappenkunst sind jedoch selten und kostbar; sie sind auch von einem Anfänger nicht so ohne weiteres richtig zu verstehen. Aber auch die Heraldik hat ihre Zumpt und Mommsen. Der Grammatik des ersteren lassen sich die neueren heraldischen Handbücher vergleichen; der letztere aber heißt in unserem Felde Gust. A. Seyler. Dessen „Geschichte der Heraldik" (Bauer & Raspe, Nürnberg) ist das Beste und Umfassendste, was über heraldische Wissenschaft bisher geschrieben worden ist. Ein diesem Werke zur Seite zu stellendes Buch über heraldische Kunst gibt es noch nicht. Zwar ist eine große Menge der kunstvollen Wappendarstellungen, wie wir sie auf Originalwaffen, in Wappenbüchern, auf Skulpturen, Zeichnungen, Kupferstichen und Holzschnitten, namentlich aber auf alten Siegeln und mannigfachem Geräte überkommen haben, schon vervielfältigt, das wenigste aber in einer den heute berechtigten Anforderungen an die Reproduktionstechnik entsprechenden Weise, und zudem sind die Abbildungen in vielerlei Werken und Zeitschriften zerstreut. Es bleibt da nichts übrig, als den Lernbegierigen auf die Neuausgaben der alten Wappenbücher, auf Warneckes, Hildebrandts und Ströhls Veröffentlichungen, auf die Jahrgänge der verschiedenen heraldischen Zeitschriften und, in bezug auf Siegel, auf die vorzüglichen Publikationen des Fürsten Karl v. Hohenlohe-Waldenburg, des Archivdirektors v. Weech, des Grafen Pettenegg u. a. zu verweisen. Die besten Wiedergaben alter Wappen aber bringt die jetzt unter v. Zur Westens Leitung stehende Zeitschrift des Exlibris-Vereins zu Berlin.

Heraldische Stilisierung.

Das Befremdlichste für den Laien ist wohl die heraldische Stilisierung der Wappenfiguren. Er will nicht einsehen, warum, wenn man auf einem Schild einen Löwen oder Adler, Rosen oder Lilien darstellen wollte, man diese dann nicht so malte, wie sie uns in der Natur entgegentreten. Schönheitssinn und praktisches Bedürfnis, beides sind die Ursachen. Mit ersterem ist's ein eigen Ding, und wenn ich behaupten wollte, daß die heraldische Stilisierung schön, im gegebenen Falle sogar schöner als nachgeahmte Natur sei, so könnte mir wohl die Antwort werden, die der „Unbefangene" so gerne dem Fachmann entgegensetzt: „Das ist eben Geschmackssache!" Deshalb möchte ich das Schönheitsgefühl, obschon es ein Hauptschlüssel zum Verständnis der alten Wappenkunst ist, möglichst aus dem Spiele lassen und versuchen, lediglich aus praktischen, also auch dem Nichtkünstler verständlichen Gründen jene eigentümlichen Umwandlungen der Naturformen zu erklären, die wir heraldische Stilisierung nennen. Wir müssen dabei auf den Ursprung der Wappen zurückgehen.

Ursprung der Wappen.

Ein vom Scheitel bis zur Zehe gerüsteter Ritter war, da auch sein Gesicht verdeckt war, völlig unkenntlich. In der Schlacht mußte er aber doch von den Seinen, im Turnier von den Zuschauern zu erkennen sein. Die Streiter mußten sich also ein Abzeichen wählen, und dies wieder mußte so weit als nur möglich klar zu sehen und von anderen zu unterscheiden sein. Hierdurch wurde zweierlei bedingt: einmal die scharf ausgeprägte äußere Form dieses Abzeichens und dann seine lebhafte Farbe. Es ist bekannt, daß man die Silhouette eines Gegenstandes auf weit größere Entfernung sieht und erkennt als dessen innere Zeichnung. Also mußte das Bestreben zunächst dahin gehen, das Charakteristische im Umriß einer Figur auf Kosten der nebensächlicheren inneren Zeichnung so stark als nur möglich auszusprechen.

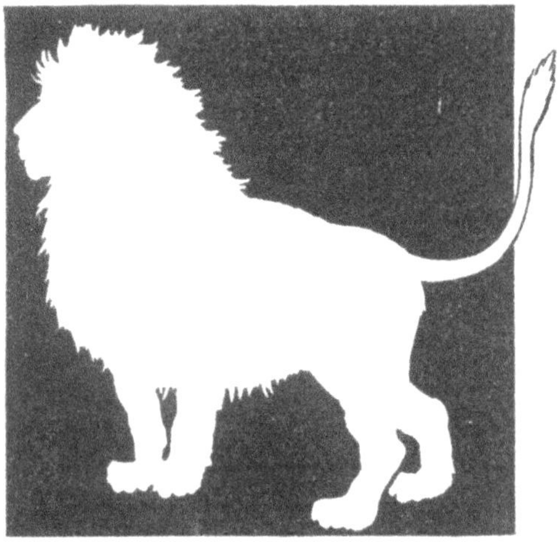

Fig. 1119.
Silhouette eines natürlichen Löwen (nach Brehms Tierleben).

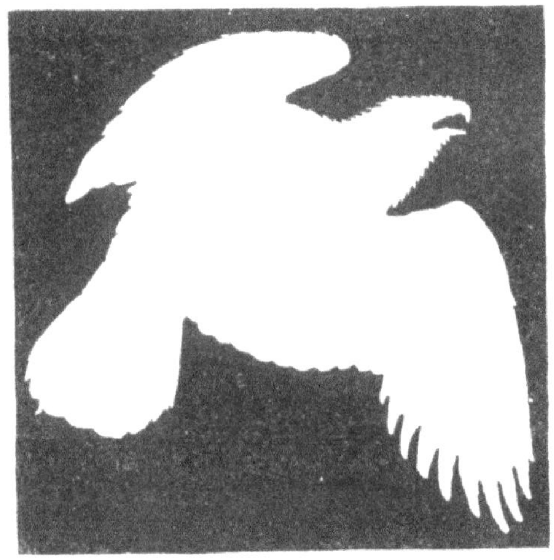

Fig. 1120.
Silhouette eines natürlichen Adlers (Steinadler aus Brehms Tierleben).

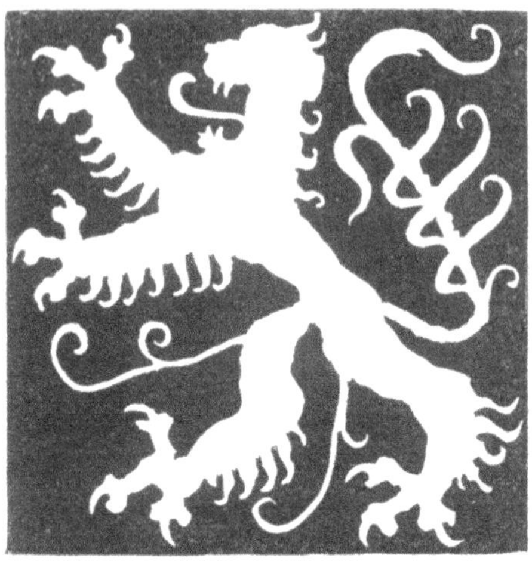

Fig. 1121.
Silhouette eines heraldischen Löwen.

Fig. 1122.
Silhouette eines heraldischen Adlers.

Einige Abbildungen werden zeigen, wie ungemein vernünftig man dabei verfuhr (Fig. 1119—1124).

In einer Entfernung, in der die getreue Abbildung eines natürlichen Tieres zu einem unkenntlichen Klumpen zusammenschmilzt, ist dasselbe in heraldischer Stilisierung noch ganz klar zu erkennen. Ja diese gibt sogar den natürlichen Charakter desselben, hier also die Stärke und Wildheit, fast besser wieder, als eine naturgetreue Abbildung es vermöchte[1]. Ebenso bei den Pflanzen. Während die Abbildungen eines natürlichen Eichbaumes und einer Linde auf größeren Abstand nicht mehr voneinander zu unterscheiden sind, kann man die heraldische Eiche und Linde, soweit sie überhaupt sichtbar bleiben, nicht miteinander verwechseln.

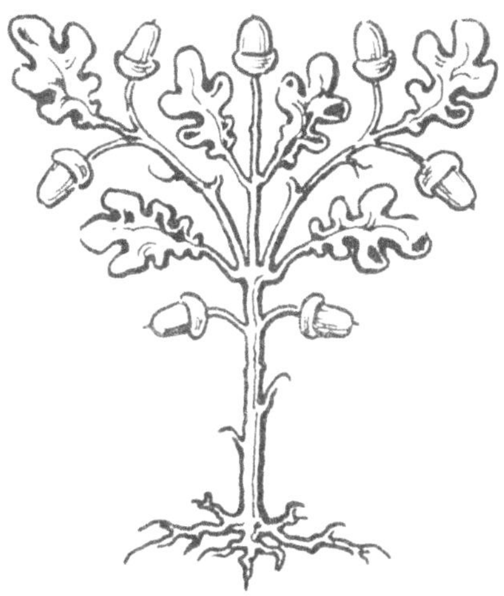

Fig. 1123. Heraldische Eiche.

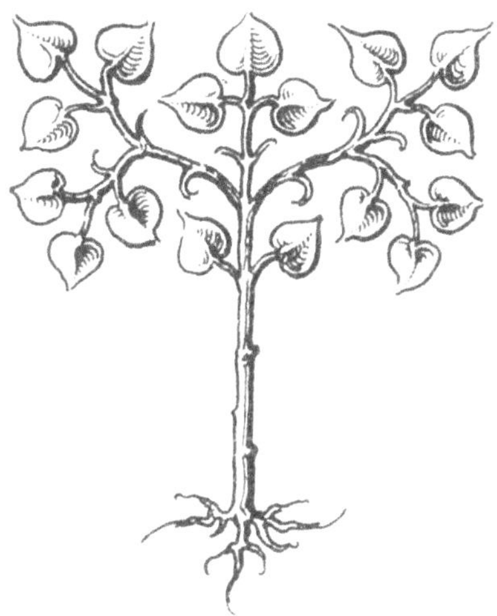

Fig. 1124. Heraldische Linde.

Der Schild.

Die Notwendigkeit, das Bild für die Weite zweifellos zu formen, erklärt auch die vorzügliche Raumausnützung der alten Wappen. Uranfänglich hatte der Ritter sein Zeichen auf der Fahne, dem Waffen-

[1]) Obwohl es sich aus Obigem von selbst ergibt, will ich doch auch noch ausdrücklich einem verbreiteten Irrtume entgegentreten, den selbst der bedeutende Numismatiker und Heraldiker Dr. H. Grote teilte, indem er schrieb, daß die heraldischen Tiere nur deshalb „zu ganz scheußlichen Fratzen" geworden seien, weil zur Zeit von deren Entstehung „niemand zu zeichnen verstand". So würde ein Künstler nie darüber urteilen. Man braucht dagegen ja nur an die nichtheraldischen Tierdarstellungen derselben Zeit, an die Meisterwerke der ältesten Malerschulen und die Miniaturen in Handschriften zu erinnern. Und sollten denn die alten Meister etwa auch bloß deshalb silberne, blaue, rote, schwarze und gemusterte heraldische Löwen dargestellt haben, weil sie eben nicht besser malen konnten?

rocke oder dem Schilde angebracht. Seit dem Ende des 12. Jahrhunderts wurde der letztere „eigentlicher, bevorzugter Träger" desselben. Die Schildfläche war aber nicht allzu groß; man durfte nicht verschwenderisch mit dem Raume umgehen, sondern mußte aus praktischen Gründen tun, was der gute Geschmack aus ästhetischen forderte, nämlich: das Zeichen oder Wappen so groß machen, als es das Feld nur zuließ. Bei guten alten Wappen reicht daher die Figur, so weit es nur angeht, auf allen Seiten gleichmäßig bis fast an den Schildrand. — Übrigens zwang auch die technische Herstellung der Schilde sehr oft schon zu größtmöglichster Einfachheit der Formen des Wappenbildes. Auf den Schild wurden niemals natürliche Gegenstände befestigt, sondern diese wurden entweder aufgemalt, oder aus Stoff, Pelz oder Leder, vielleicht auch aus Blech, ausgeschnitten und aufgeklebt oder aufgenagelt, manchmal auch durch darüber geschlagene Spangen oder Leisten noch gesichert. Alle zeitgenössischen Überlieferungen, Schriftstellen sowohl als Abbildungen jeder Art, bestätigen diese — ja auch ganz verständlichen — Herstellungsarten der Wappenbilder[1]).

Das ist auch der Grund, warum auf alten Wappendarstellungen die Schildfiguren niemals einen Schlagschatten haben: weil sie sich eben nicht oder nur ganz unmerklich über das Feld erhoben. Erst das 16. Jahrhundert bringt Schattenstrichlagen im Felde, die aber dann nicht die

---

[1]) Es ist nötig, dies eigens zu betonen, weil nämlich unter dem Titel: „Gewerbe und Kunstgewerbe in der Heraldik" jüngst ein Lehrbuch erschienen ist, dessen Verfasser geglaubt hat, an Stelle des Mosaikbildes, das die Quellenforschung aus den vereinzelten wirklichen Überresten jener frühen Zeit mühsam zusammengestellt hat, ein anderes, lebendigeres Bild seiner spekulativen Phantasie setzen zu dürfen. Dieser Versuch würde hier nicht erwähnt werden, wenn das Büchlein sich nicht gerade an das große Publikum wendete, und wenn demselben nicht Abbildungen beigegeben wären, die dem nicht näher Prüfenden des Verfassers Meinung als geradezu handgreiflich bewiesen erscheinen lassen müßten. Die betreffenden Wappen sind nämlich klein gezeichnet, und da sieht es denn sehr annehmbar aus, daß die alten Herren einen wirklichen Schlüssel, Hammer usw. auf ihren Schild befestigt hätten. Man braucht aber nur den richtigen Maßstab anzulegen, um zu erkennen, daß diese Annahme noch weit weniger waschecht ist, als die alte Schildmalerei — nach des Verfassers Behauptung — es war. Den Schild nur zu 60 cm Höhe gerechnet (fast alle Originalschilde sind 70—90 cm hoch), müßte der Hammer, Schlüssel usw. nach den betr. Zeichnungen über 50 cm lang sein. Wie sollten denn diese und gleich große Sporen, Steigbügel, Dolche, Messer, Sicheln usw. „aus der Waffenkammer und vom Hausrat ohne weiteres benutzt" worden sein? Wie schwer und lästig hätten solche in natura aufgenagelten Gegenstände sein müssen! Wie lange hätten sich wirkliche Spiegel, natürliche Rosen, Hopfen- und Weinranken, Raben- und Adlerbeine, Widderhörner, Rehzinken, Vogelbälge und Fischgräten (ich zitiere nur des Verfassers eigene Beispiele!) auf einem Gebrauchsschilde erhalten können?

Figur als erhaben kennzeichnen, sondern sie nur vom Grunde besser abheben sollen[1]).

Für plastische Darstellungen gelten natürlich ganz andere Gesetze. Es ist nicht nur erlaubt, sondern geboten und seit den ältesten Zeiten Brauch gewesen, bei Skulpturen die Wappenfiguren erhaben darzustellen — wie hätte man sie auf Siegeln und farblosen Werken der Plastik denn sonst zum Ausdruck bringen können? Das magere Einschneiden der Konturen wäre dem Grundcharakter des Wappenwesens, dem Wirkenwollen, zuwider gewesen und hätte ja auch dem aufgemalten Schildbilde nicht entsprochen.

Die ältesten Formen der Wappenschilde entsprechen den gleichzeitigen Kampfschilden. Diese Dreieckschilde, so prächtig sie auf alten Wappendarstellungen auch aussehen, eignen sich doch nicht gut zu neuen Wappen, weil sie uns zwingen, das Bild auch im Stile jener Zeit zu halten, der sein Rahmen, d. h. der Schild, angehört. Ein neues Wappen im Stile des 13. oder 14. Jahrhunderts entwerfen zu wollen, wäre Altertümelei. Der Schüler soll nicht das Werdende, sondern das Vollendete sich zum Vorbilde nehmen. Man bediene sich daher lieber jener nicht im Felde gebrauchten, sondern ausschließlich heraldischen Schildformen, wie sie vom Beginn des 15. Jahrhunderts an für Wappen allgemein beliebt wurden (Brustschild von Fig. 1129, Fig. 1131 und Tafel LVI).

Heraldische Farben.

Wie die Fernwirkung die Betonung der Silhouette forderte, so forderte sie auch die lebhafte Farbe. Selbst dem schärfsten Auge verwischen sich die Unterschiede der Mischtöne, also etwa von Violett und Braun oder Grau, schon auf geringe Abstände, während volle, feurige Farben, wie Rot und Grün, sich noch auf weit hinaus scharf voneinander abheben. Zwei Metalle, wie Gold und Silber mußten, allein nebeneinander gestellt, bald in ein Blinken zusammenfließen. Am auffallendsten aber und also am weitesten sichtbar mußte der Unterschied werden, wenn neben einer Farbe ein Metall erschien. Und gerade dieses Auffallendste, dieses Allerpraktischste hat die alte Heroldskunst zum Grundgesetze für die

---

[1]) Nicht damit zu verwechseln sind die Strichlagen, die sich seit dem 17. Jahrhundert auf Wappen finden. Sie sollen die Farben andeuten und sind ein für manche Zwecke sehr praktischer, aber durchaus unkünstlerischer Ersatz für diese, brauchen hier also nicht weiter erwähnt zu werden.

Farben der Wappen erhoben[1]). Sie anerkennt zwei Metalle, Gold und Silber (die durch Gelb bzw. Weiß ersetzt werden können), und vier lebhafte, ausgesprochene Farben: Rot, Blau, Grün und Schwarz, verwirft alle unklaren Mischtöne und Nuancen: Rosa, Lila, Violett, Braun, Grau, Blaßblau, Dunkelgrün usw. und verlangt nun, daß bei jedem Wappen entweder das Feld farbig und die Figur von Metall oder aber umgekehrt das Feld von Metall und die Figur farbig sei. Das ändert sich nicht, mochte das Wappen einfach, wie die älteren, oder mehrfelderig, wie oft die späteren, sein. Ein silberner Schwan im goldenen Felde ist stets unheraldisch, weil Metall auf Metall, ein grüner Baum im blauen Felde ebenfalls, weil Farbe auf Farbe steht. Ersterer verlangt ein farbiges, letzterer ein metallenes Feld. Kleinere Teile, die die Massenwirkung nicht stören, dürfen auch ihre natürliche Farbe behalten, Gesicht und Hände bleiben fleischfarbig, der Stamm eines Baumes darf braun sein. Für den praktischen Gebrauch sei hier noch angeschlossen, daß bei Wappenmalereien, welche auf Fernwirkung berechnet sind, an Gebäuden, in Kirchen, auf Fahnen, nur die ungebrochenen heraldischen Tinkturen zu verwenden sind. Bei kleineren Darstellungen, die in der Nähe gesehen oder gar in die Hand genommen werden, ist dagegen die Verwendung fein abgestimmter Töne sehr wohl am Platze. Auch ist hierbei das Auflichten mit helleren und das Schattieren mit dunkleren Steigerungen des Grundtones, sowie das Lasieren der Metalle erlaubt. Bei subtiler Ausführung darf auch eine farbige Figur mit Gold aufgehöht, ein farbiges Feld mit Gold oder Silber damasziert werden. Maßhalten offenbart auch hier den guten Geschmack.

Der Helm und sein Kleinod.

Im letzten Viertel des zwölften Jahrhunderts ward es Mode, den damaligen klobigen Topfhelm — der übrigens oft auch durch Farben und Vergoldung verziert worden war — dadurch zu verschönern, daß man ein plastisches Bild, das Helmkleinod (auch Helmzier oder Zimier ge-

[1]) Daß die Beschränkung auf die energischsten Farben einen rein praktischen Grund hatte, scheint mir auch aus einem Umstande hervorzugehen, der sonst nicht wohl zu erklären wäre. Während nämlich in der ältesten Zeit verhältnismäßig ebenso viele Schilde von grüner Farbe als von anderen Tinkturen vorkommen, nimmt vom 14. Jahrhundert an die Verwendung von Grün als Schildfarbe in ganz auffallendem Maße ab. Vermutlich hatte man die Erfahrung gemacht, daß grüne Schilde sich vom Grün des Laubes und der Wiesen nicht so gut abhoben, wie solche von anderer Farbe.

nannt) darauf befestigte. Das Kleinod war entweder direkt der Natur entnommen, wie Zweiglein, Federn, Federbüsche, Flügel, oder ein leichter Gegenstand, Fähnchen, Ball, Hut[1]), oder es war ein sogenanntes Schirmbrett, d. i. ein rundes, halbrundes, mehreckiges oder auch fächerförmiges Brettchen, auf dem das Schildbild gemalt und das oft noch mit Federn, Fähnchen usw. besteckt wurde, oder endlich, und das war das häufigste, die Helmzier wurde kaschiert, d. h. über ein leichtes Gestell aus Holz oder Draht ward ein mit Leimwasser angefeuchteter Stoff, Leinen oder Leder, gelegt und in die gewünschte Form, etwa von Büffelhörnern, Menschen- und Tierrümpfen u. a. m. gebogen, mit Haar, Heu oder Moos ausgefüllt und, nachdem er getrocknet war, mit Kreidegrund bestrichen, bemalt und vergoldet. Diese Kleinode waren anfänglich freie Wahl des einzelnen, der einmal diesen, das andere Mal einen anderen Gegenstand auf den Helm setzte. Bald aber ward der Gebrauch eines bestimmten Helmschmuckes, zunächst für eine Person, dann auch für ein Geschlecht feststehend; und wenn derselbe auch ursprünglich mit dem Wappenzeichen nichts zu tun hatte, so gewöhnte man sich doch mit der Zeit daran, den Schild und den Helm mit seinem Schmuck als etwas Zusammengehöriges, als das Wappen anzusprechen.

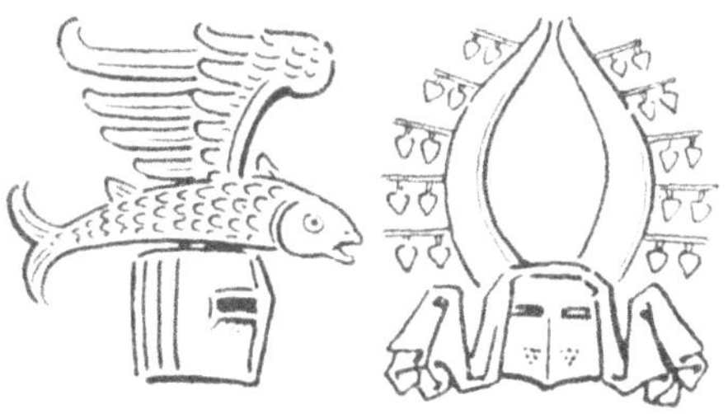

Fig. 1125. Topfhelme mit Kleinod.

Aus obigen Andeutungen über die technische Herstellung der wirklichen Helmkleinode ergibt sich einmal, daß frei über dem Helme schwebende Kleinode, wie die Verfallzeit sie oft abbildete, ein Nonsens sein müssen, und dann, daß die Helmzier sehr groß gezeichnet werden

[1]) Der Hut (ein Herrschaftssymbol) kommt überaus häufig als Helmschmuck vor; ich glaube, daß es oft ein Strohhut war, der zum Schutze gegen die Sonnenstrahlen diente. Ein Beweis dafür ist schwer zu erbringen, denn Originale sind nicht erhalten und bei den zahlreichen Abbildungen auf Siegeln läßt sich natürlich nicht erkennen, ob die Hüte aus Stroh, Stoff oder Metall waren. Außer der Wahrscheinlichkeit bestärkt mich in diesem Glauben noch ein Gemälde von Vittore Pisano (1380?—1451) in der Nationalgalerie in London, auf dem der sonst ganz vollständig gerüstete St. Georg keinen Helm, wohl aber einen unzweifelhaften, sehr breitkrempigen Strohhut auf dem Haupte trägt. Auch hat auf dem in Solenhofer Stein geschnittenen Modell seines Grabsteins (Nationalmuseum in München) der kniende, völlig gerüstete Bayernherzog Ludwig im Bart († 1447) einen Strohhut auf dem Kopfe.

darf, weil der scheinbar so naheliegende Einwand, daß der Ritter doch nicht ein solches Gewicht auf dem Kopfe hätte schleppen können, nicht gerechtfertigt ist.

Helmdecke.

Zum Helm kam dann — seit dem 13. Jahrhundert — noch die Helmdecke, d. h. ein Stück farbiges Tuch, mit dem der Helm oben und rückseitig bedeckt wurde. Ursprünglich war die Decke ganz kurz, nur bis über den Nacken hängend. In Wirklichkeit wurde sie wohl auch nie

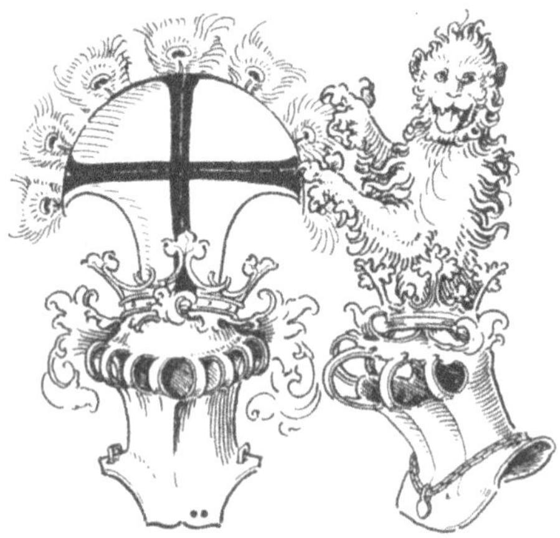

Fig. 1126. Spangenhelm mit Kleinod, von vorn und von der Seite.

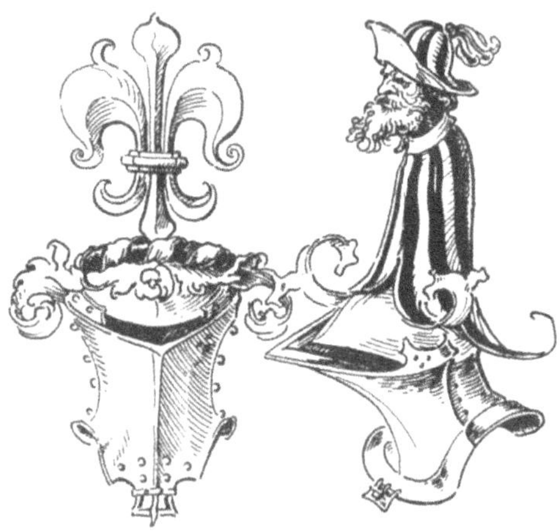

Fig. 1127. Stechhelm mit Kleinod, von vorn und von der Seite.

viel länger genommen, denn sie genügte so zur Milderung der Sonnenglut und würde die Bewegung arg beeinträchtigt haben, wenn sie hätte im Winde spielen können. Aber bei bildlicher Darstellung von Wappen erscheint die Decke bald länger, in Falten abfliegend, an den Rändern ausgeschnitten (gezaddelt), außen anders gefärbt als innen, oft mit kleinen Figuren, namentlich Herzen und Kleeblättchen, bestreut usw., bis sie gegen das Ende des 15. Jahrhunderts sich zu einem ornamental behandelten Schmuck auswächst, der ganz wesentlich dazu beiträgt, dem Wappen seine reiche, prächtige Erscheinung zu geben.

Hierzu trugen dann noch die feineren Formen des Spangen- und des Stechhelmes (s. Fig. 1126 und 1127) wesentlich bei, und so war denn um das Jahr 1500 der Höhepunkt der inneren künstlerischen Entwick-

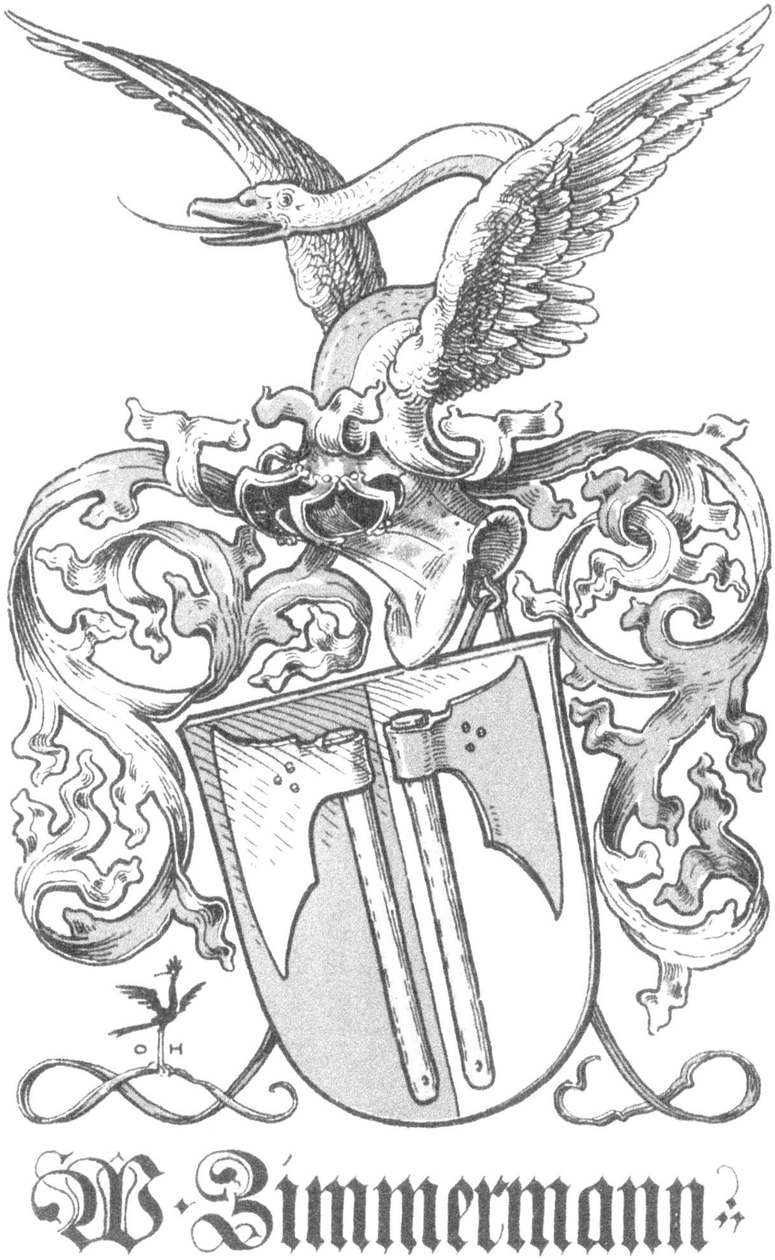

O. Hupp: Bürgerwappen.

lung des Wappens erreicht. Die Äußerlichkeiten, die später dazu kamen, Schildhalter, Devisen, Rangkronen, Wappenmantel, Ordensketten, Schnörkelschilde usw., konnten es wohl pomphafter, aber nicht mehr schöner machen. Die Wappendarstellungen aus der Zeit von 1470 bis 1530 sind daher die allerbesten Lehrmittel für heutige Wappenzeichner. Und nicht nur weil sie die stattlichsten sind, sondern namentlich auch deshalb, weil der Stil dieser Zeit die größte Freiheit in der künstlerischen Auffassung zuläßt und wir uns in der heraldischen Sprache dieser Zeit weit ungezwungener ausdrücken können, als in der freilich noch edlern, einfachern und kräftigern des 13. und 14. Jahrhunderts. Auch gehen unsere heutigen Wiedergabsverfahren weit besser mit dem mehr graphischen Charakter der Wappendarstellungen vom Ende des 15. Jahrhunderts herwärts zusammen, als mit dem mehr malerischen der frühern Zeiten. Eine genügende Abbildung einer Pergamentminiatur ist sehr kostspielig und eine halbwegs befriedigende Wiedergabe des so häufig aufgesetzten Blattgoldes ist heute noch unmöglich.

Zu Ende des 15. Jahrhunderts galten in der Wappendarstellung nur die wenigen Regeln, die sich im wirklichen, lebenden Wappengebrauche aus praktischen Notwendigkeiten zu Gesetzen entwickelt hatten. Darunter ist keine, deren Nützlichkeit nicht einleuchtete, keine, die wider ein künstlerisches Empfinden liefe, und auch keine, die die individuelle Freiheit unverständlich beschränkte. (Auf Tafel LVI ist versucht worden, ein im Geiste jener Zeit gehaltenes Muster zu geben.)

Die Papierheraldik.

Sehr bald wurde das anders. Die Turniere hatten aufgehört und heraldische Regeln, die bisher auf dem Turnierplatze gefunden worden waren, die wurden nunmehr in der Stube gesucht. Man stellte derselben mehr und immer noch mehr auf, schrieb Bände dafür und dawider, Kaiser, Fürsten und Gelehrte erließen Ge- und Verbote in heraldischen Dingen. Da aber der belebende Blutstrom, mit dem die Turniere die Heroldskunst befruchtet hatten, erstarrt war und ein unbefangenes Nachgraben auf Urquellen den heraldisierenden Gelehrten des 16., 17. und 18. Jahrhunderts offenbar nie in den Sinn gekommen ist, so mußte der Foliantenmechanismus immer künstlicher, immer staubiger und immer brüchiger werden, so daß denn schließlich jener traurige Zustand erreicht wurde, den die Anfangszeilen dieser Blätter schildern.

Das Reichswappen.

Als ein Beispiel der Heraldik des grünen Tisches sei das Wappen zur Sprache gebracht, das von allen deutschen Wappen das allgemeinste Interesse beansprucht: das des Deutschen Reiches.

Allüberall, wo nur Spuren älteren deutschen Lebens zutage treten, begegnet uns auch das volkstümliche Zeichen gemeinsamen Deutschtums, der alte Reichsadler, er sei ein- oder zweiköpfig[1]). Nun haben wir ja wieder ein mächtiges Reich und auch ein Wappen desselben; aber nie und nimmer kann dieser Reichsadler volkstümlich, zum gemeinsamen Abzeichen aller Stämme werden, solange seine Zusammenstellung politisch und künstlerisch gleich anstößig bleibt. Wie soll denn ein Bayer, Sachse, Württemberger, Badener, kurz, wie soll ein nichtpreußischer Deutscher eine Freude an einem Reichsadler haben, der laut amtlicher Vorschrift auf der Brust — außer dem ja durchaus passenden Wappen des Kaiserhauses — auch noch das Wappen des Königreichs Preußen und um dieses noch die Kette eines preußischen Ordens tragen muß!? Und wie soll sich ein Künstler mit Freuden an die Wiedergabe dieses Wappens machen, wenn er fühlt, daß dessen Überladenheit stets eine kleinliche Wirkung hervorbringen muß, wenn zudem das Unmögliche von ihm gefordert wird: auf dem schwarzen Adlerkörper eine Ordenskette zu malen, die im wesentlichen wiederum aus kleinen, ebenfalls schwarzen Adlern besteht? (Fig. 1128.)

Bei anderen Wappen hat man einen Ausweg geschaffen, indem der ganze Prunk nur bei besonderen Gelegenheiten angelegt, werktags aber ein schlichtes und bequemes Hauskleid getragen wird. In Preußen gibt es sogar ein großes, ein mittleres und ein kleineres Staatswappen. Warum muß denn gerade der Reichsadler stets mit dem ganzen Pomp abgebildet werden? Warum muß infolgedessen z. B. die eine Seite unseres Einpfennigstücks nicht weniger als 17 Stück Adler enthalten, nämlich:

[1]) Nebenbei bemerkt war der zweiköpfige Adler ursprünglich nur eine künstlerische Spielerei. Auch altarabische Münzen und altperuanische Gewebe weisen den Doppeladler auf; es gibt in der Heraldik auch Doppellöwen, zweiköpfige Panther, Kraniche und anderes Getier. Erst das 15. Jahrhundert schob dem beliebten heraldischen Ornament allerhand Gedanken unter; wie denn überhaupt die Zeit Friedrichs III. recht fruchtbar an Symbolereien war; man denke an sein A · E · I · O · U, und an den Umfang, den das Quaternionenspiel (die Vierstände des Reichs, 4 Herzöge, 4 Markgrafen, 4 Landgrafen, 4 Burggrafen, 4 Grafen — bis hinuter zu 4 Städten, 4 Dörfern und 4 Bauern) unter ihm erreichte.

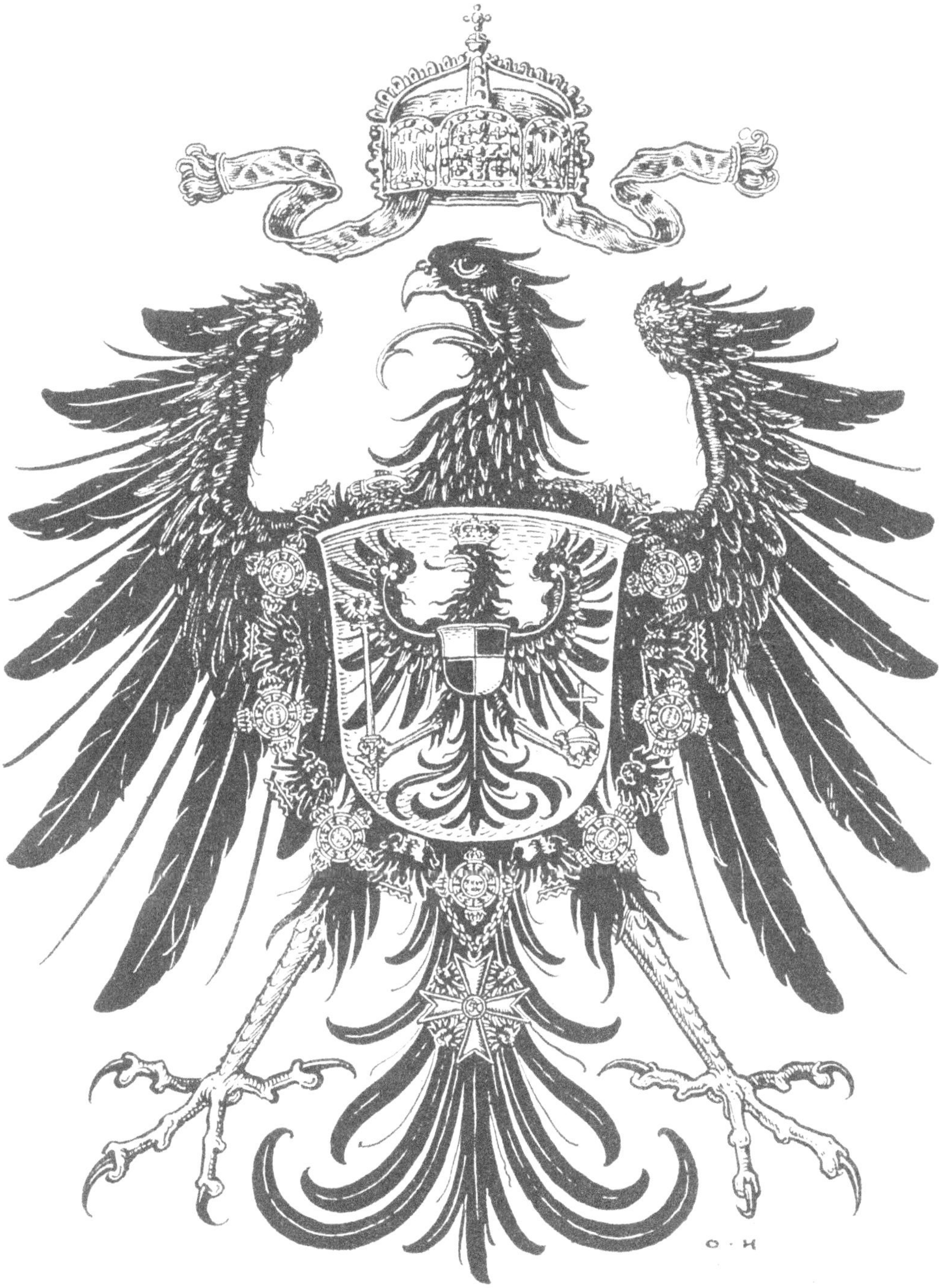

Fig. 1128. Reichsadler nach der amtlichen Vorschrift. (Text S. 572.)

den Reichsadler, zwei kleine Adler in der Krone, den preußischen Adler im Mittelschilde, einen dito auf dessen Zepter, vier solche am Kreuze des Schwarzen Adlerordens und acht an dessen Kette!? Daneben trägt unser Pfenniglein noch dreißig und einige Kronen, wobei natürlich

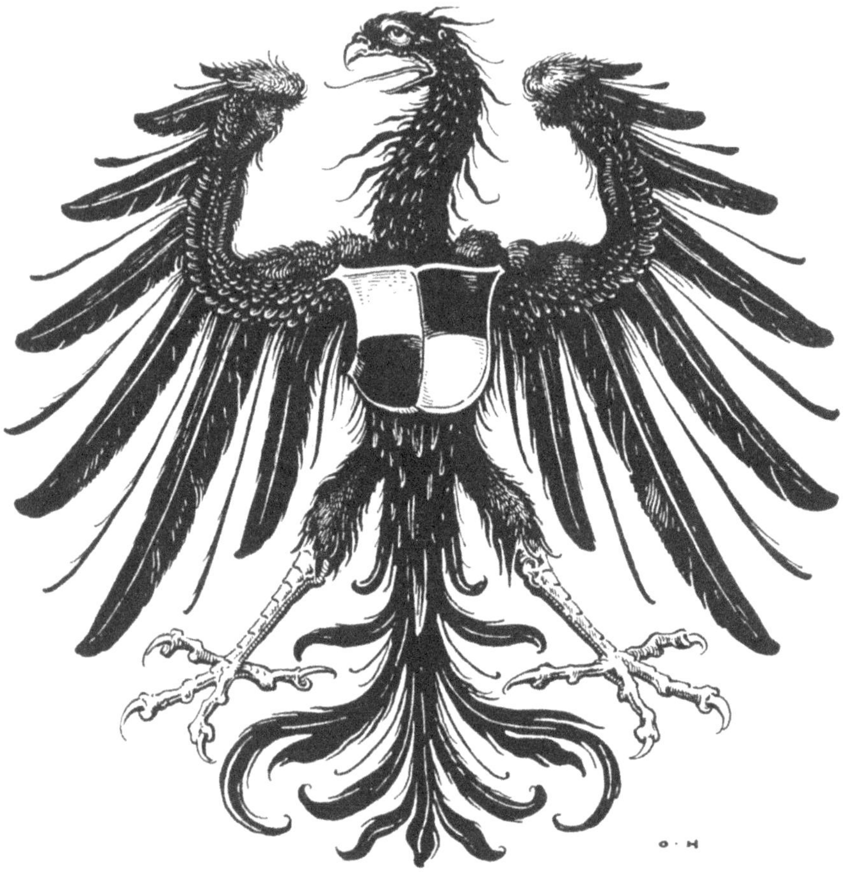

Fig. 1129. Reichsadler nach dem Vorbilde des vom damaligen preußischen Kronprinzen für die Kaiserkrönung in Versailles geschaffenen ersten (provisorischen) Wappens des neuen Deutschen Reiches. (Text S. 575, Note 1.)

winzige Pünktchen der amtlichen Vorschrift Genüge leisten müssen. Man sieht schon hieraus, wie dringend notwendig es ist, daß ein einfacherer Reichsadler eingeführt werde. War doch der Nagel schon einmal auf den Kopf getroffen, und zwar von dem kunstverständigen damaligen preußischen Kronprinzen, dem späteren Kaiser Friedrich III. Zur

Kaiserkrönung in Versailles ließ dieser ein Wappen des neuen Reiches machen, so natürlich und schön, daß es gar nicht zu verstehen ist, warum man nicht bei dieser einfachen Form geblieben ist. Dies wahrhaft deutsche Wappen zeigt im goldenen Schilde, auf dessen Oberrande die Kaiserkrone ruht, einen schwarzen, rotbewehrten Adler, der auf der Brust nur den schönen, weiß-schwarz gevierteten Hohenzollernschild trägt. Das ist also ganz das, was das deutsche Volk in Nord und Süd und in der Fremde braucht: das Symbol des Reiches mit dem des Kaisers hohenzollerischen Stammes auf der Brust[1]).

Wappenannahme seitens der Bürgerlichen.

Die Freude am Wappenschmuck ist im Steigen begriffen, trotz aller Gegenströmungen in unserer Zeit. Sie wird sich ausbreiten und kräftigen, je mehr die Heraldiker vom Fach die grauen Spinnweben wegreißen, mit denen die Gelehrten das echte Wappenwesen umsponnen haben. Je reiner dann der einfache, klare Aufbau desselben hervorkommt, um so mehr wird dessen Schönheit die Künstler anziehen; und in dem Maße, als künstlerisch schöne, dabei aber auch heraldisch richtige Wappendarstellungen entstehen, in demselben Maße muß die Lust daran in weitere Kreise dringen[2]).

Vor allem aber muß stets wieder, und nicht nur in Fachschriften, darauf hingewiesen werden, daß der Gebrauch von Wappen nicht etwa ein ausschließliches Vorrecht des Adels ist, daß heutzutage vielmehr auch der Bürger das Recht hat, für sich und die Seinen ein Wappen zu wählen, es überall anzubringen, wo es ihm paßt, und es auch zu vererben[3]). Das Vorrecht des Adels besteht vorzüglich darin, daß der Staat dessen Wappen vor unberechtigter Nachbildung schützt, und darin, daß

[1]) Das Original jenes ersten Wappenschildes, der das neue Reich vertrat, ist noch erhalten und wird im Hohenzollernmuseum bewahrt. Da dasselbe in Versailles in größter Eile (in der Nacht!) provisorisch hergestellt wurde, so sind die Einzelheiten nicht künstlerisch durchgebildet. Unter Weglassung der Schildform (die Darstellung des Reichsadlers im Schilde ist nämlich nicht der allgemeinen Benützung freigegeben) ist hier in Figur 1129 eine sorgsamere Durchbildung dieses durchaus deutschen Adlers versucht worden.

[2]) In einem Briefe an Zelter vom 3. Februar 1831 schreibt Goethe: „Wäre dort (in Berlin) ein Künstler der eingriffe, so sollten wir die gräßlichen allegorischen Figuren eine Zeitlang los seyn und jede Familie sähe sich in ihrem Wappen, es möchte seyn wie es wollte, geehrt und gegründet."

[3]) F. Hauptmanns „Wappenrecht" ist dem Verfasser bekannt.

der Adel — was übrigens eine ganz moderne Erfindung ist — je nach seinem Range als Edelmann, Freiherr oder Graf eine Krone mit fünf, bzw. sieben und neun Perlen führen darf. Dagegen kann der Bürger entweder die dreiblätterige Krone — die uralte Königskrone, welche jetzt zur ranglosen Helmkrone geworden ist — (s. Fig. 1126), oder aber den Wulst (s. Fig. 1127, links) — das ehemalige Schapêl „die Zindelbinde" — benützen, oder er kann auch, wenn es sich gut machen läßt, die Helmdecke unmittelbar aus dem Helmkleinod hervorgehen lassen (s. Fig. 1127, rechts und Tafel LVI). Das alles sind aber nicht ausschließlich bürgerliche Abzeichen, sondern sie werden ebenso vom Adel benützt; nur steht auch dem Bürger der Gebrauch derselben zu, während ihm die Rangkronen nicht zustehen. Ähnlich ist es mit dem Helm. Der Spangenhelm und der Stechhelm (s. Fig. 1126 und 1127) wurden beide bei Ritterspielen benützt. Beide finden sich deshalb bei alten Adelswappen gleichwertig gebraucht; in der zweiten Hälfte des 15. Jahrhunderts kam dagegen die Ansicht auf, der erstere sei vornehmer als der letztere, wohl nur deshalb, weil er prunkvoller aussieht. Genug, während der Adel beide Helme benützte, gestand man dem Bürger nur den Gebrauch des Stechhelmes zu[1]). Außerdem ist die freiwillige Wappenannahme seitens eines Bürgerlichen nur noch durch die Klausel bedingt, daß das neu anzunehmende Wappen nicht gleich dem einer noch blühenden oder schon abgestorbenen Adelsfamilie sei. Das ist nun etwas schwer zu kontrollieren, denn kein Heraldiker der Welt kennt alle Adelswappen, da es deren mehrere Hunderttausende gibt und eine vollständige Sammlung überhaupt nicht existiert. Besonders hat man sich davor zu hüten, heraldische Motive, die wegen ihrer symbolischen Bedeutung oder ihrer Schönheit von vielen Geschlechtern geführt werden, die man also sehr oft sieht, deshalb für vogelfrei zu halten. Vor allen Dingen soll derjenige, der sich ein Wappen wählen möchte, zunächst auf das genaueste nachforschen, ob nicht etwa die eigene Familie schon einmal ein Wappen geführt habe, das vielleicht nur in Vergessenheit gekommen ist. Es ist weit öfters, als man gemeinlich annimmt, der Fall, daß die Vorfahren

[1]) Es dürfte passend sein, wenn ein Bürgerlicher, der sich ein neues Wappen wählt, statt des alten Kampfschildes die späteren heraldischen Schildformen oder auch den sogenannten Rahmenschild (Kartusche) wählte, wie ihn das 16. Jahrhundert mit Vorliebe anwandte, wovon ein Beispiel in Figur 1130 zu finden ist. Es lassen sich dieser Umrahmungen schier zahllose erfinden, einfache und reiche; man muß nur darauf achten, daß der Kern, das Wappenbild selbst, auch in der üppigsten Schale immer einfach und streng heraldisch bleibt.

sich eines eigenen Wappens bedient haben; dagegen ist wieder ganz ungemein selten das wahr, was die Familienüberlieferung so überaus oft zu berichten weiß, daß nämlich das Geschlecht früher adelig gewesen

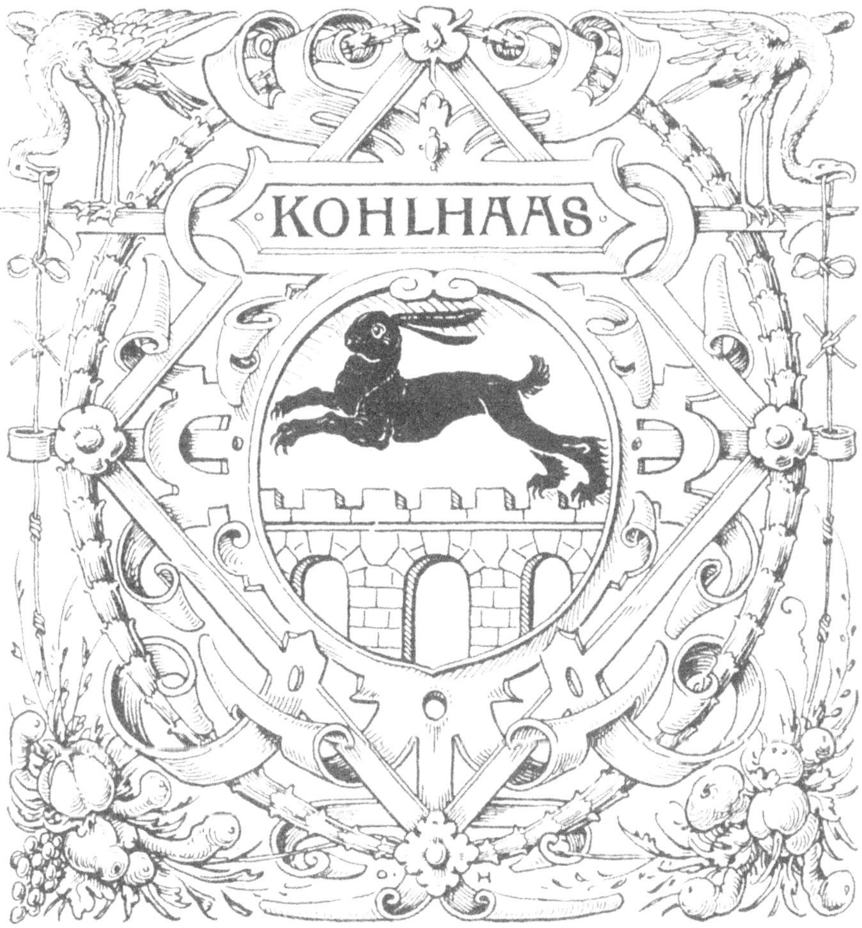

Fig. 1130. Bürgerwappen.

sei und erst der Urgroßvater infolge Verarmung durch diesen oder jenen Krieg den Adel und damit das Wappen abgelegt habe. Es handelt sich vielmehr in fast allen Fällen einfach um bürgerliche Wappen, wie solche schon für das 14. Jahrhundert zahlreich nachzuweisen sind, die auch schon sehr früh vermittels förmlicher Wappenbriefe vom Kaiser, später auch von den Hofpfalzgrafen verliehen wurden. Durch Achtlosigkeit kamen diese Wappen häufig völlig in Vergessenheit. In Briefschaften aus der Großvaterszeit kann sich aber noch leicht ein Wappensiegel finden, denn die eigentliche Zeit des Vergessens guter alter Bräuche war ja die erste Hälfte des 19. Jahrhunderts.

Beim Suchen außer dem Hause aber ist Vorsicht geboten. Wer in einem Wappenbuche auf ein mit seinem Familiennamen bezeichnetes Wappen stößt, oder die Kopie eines solchen gegen Postnachnahme von einem „Institut für Heraldik" erhält, der pflegt in der Annahme desselben nicht faul zu sein: es steht ja in dem „uralten" Buche ganz deutlich sein Name darunter. In mehr als neun unter zehn Fällen aber besteht nicht die entfernteste Beziehung zwischen dem wirklichen Wappenherrn und dem Wappensucher, eine einfache Namensgleichheit liegt vor, die zuweilen auf gemeinsame Heimat, durchaus aber nicht auch auf gemeinsamen Stamm schließen läßt. Und nicht nur das Gesetz, sondern mehr noch das Taktgefühl muß uns verbieten, das Wappenzeichen eines anderen zu gebrauchen. Denn, wie oben schon bemerkt, das Wappen spricht einen bestimmten Namen aus, es ist das hieroglyphische Zeichen eines bestimmten Geschlechts und behauptet unaufhörlich, daß der Gegenstand, auf dem es sich befindet, einem Angehörigen desselben gehört, gehörte, oder doch in naher Beziehung zu demselben steht oder gestanden hat. Es ist schon aus diesen Gründen wünschenswert, dem eigenen Wappen ein möglichst individuelles Gepräge zu geben. Findet sich jedoch kein Wappen, welches die Familie früher geführt hätte, dann findet sich vielleicht eine Hausmarke oder irgend ein sonstiges Zeichen, und sei es eine Fabrik- oder Handelsmarke; auch deren Aufnahme in das neue Wappen würde diesem immerhin etwas Individuelleres geben, als ganz fremde Motive es vermöchten. War aber die Suche völlig fruchtlos, dann muß man sich eben nach anderen passenden Anklängen umsehen. Und da schon seit länger als einem halben Jahrtausend die Leute sich mit ganz demselben Zwang der Wahl haben quälen müssen, so wird eine Prüfung der dabei herausgekommenen Resultate, also der so entstandenen Wappen auf die Frage: Was nun? eine zweifellose Antwort geben. Da finden sich nun zunächst unter den allerältesten schon die im engeren Sinne sogenannten redenden oder Namenwappen, d. h. solche, deren Figuren sich entweder unmittelbar, im Hochdeutschen, im Dialekt oder in fremder Sprache mit dem Familiennamen decken, oder doch mittelbar an diesen anklingen, wie z. B. das Bild eines Bären an die

Namen Baer, Behr, Petz, Braun; ein Fuchs an die Eigennamen Fuchs, Voß, Reinecke, Reinhard, Renard; eine Windmühle, ein Mühlrad oder Mühleisen zielen auf den Namen Molitor oder Müller in seinen verschiedenen Zusammensetzungen und Schreibarten, und so viele andere mehr. Selten unterließ man es, dem Wappen das Bild des heraldischen Dreibergs (in Fig. 1131 a) beizufügen, wenn der Name auf -berg, -stein oder -fels endete. Der heraldische Quer- oder Schrägstrom (in Fig. 1131 c) mußte auf die Namensendung -bach, ein Turm auf -burg, -haus oder -heim deuten.

Eine weitere Gruppe von heraldischen Motiven bietet sich dem Suchenden aus seinem Berufe. Bei jeder Kunst, jedem Amte und jedem Gewerbe sind Werkzeuge nötig oder Attribute gebräuchlich, die sich

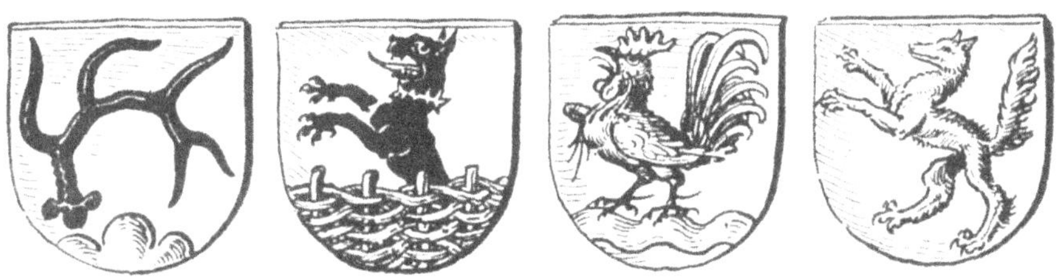

v. Hornstein; „Horn" und „Stein". — v. Zaunrüdt; „Rüde" und „Zaun". — Markt Hanbach; „Hahn" und „Bach". — Markt Rennertshofen; früher: Reinhardtshofen, daher Reinhard der Fuchs.

Fig. 1131. Redende Wappen.

meist auch zu Wappenfiguren eignen. Es kommt nur darauf an, sie auch wappenmäßig darzustellen; hierfür liefert jedes ältere Wappenbuch, jede Sammlung älterer Siegel eine Menge von Vorbildern. Endlich aber können auch aus persönlichen Liebhabereien, aus Sammlungen oder den Gebieten der Jagd, Fischerei und anderen Sports bezeichnende Symbole genommen werden, wobei gar nicht ausgeschlossen ist, daß diese auch eine Prise Selbstironie enthalten; nur hüte man sich vor dem Genrebildartigen und dem Possenhaften.

Notwendigkeit der Einfachheit.

Das neu zu wählende Wappenbild soll möglichst einfach sein; nicht nur deshalb, weil das heraldisch und schön ist, sondern auch schon aus dem praktischen Grunde, weil sich weit seltener die Gelegenheit zu großer als zu kleiner Darstellung gibt und sich in dieser eine einfache Form natürlich weit leichter kenntlich machen läßt, als eine komplizierte. Ein Hufeisen ist im Wappen eines Siegelringes noch recht gut zu sehen, während Roß und Reiter an derselben Stelle nur mit Hilfe der Lupe zu entziffern sind. Ist das eigentliche Wappenbild einfach, dann läßt sich, wenn Raum genügend vorhanden ist, dieser leicht durch reiche Helmdecken oder einen verzierten Rahmen (wie bei Fig. 1130) ausfüllen. Man sollte nun meinen, es müsse sich die Anzahl der benützbaren Motive doch bald erschöpfen. Das ist aber nicht der Fall. Wohl eben aus dem Bedürfnis, den Kreis der Möglichkeiten zu vergrößern, entstand der echt heraldische Brauch, die Wappenfiguren nicht nur so oder doch so annähernd zu färben, wie sie in Wirklichkeit sind, sondern ihnen auch beliebige andere Farben und Metalle — natürlich nur der oben erwähnten heraldischen Palette — zu geben. So kommen goldene, silberne, blaue, rote und schwarze Adler, Beile, Türme, kurz heraldische Figuren jeder Art vor. Wie vielerlei tatsächlich verschiedene Wappen sich auf diese Weise aus einem Stempel münzen lassen, das läßt sich am besten an einem Beispiel dartun. Will jemand z. B. einen Hammer zum Wappenbilde, so steht er vor folgender Auswahl:

A. 1. aufrechtgestellter goldener Hammer in a) rotem, b) blauem, c) grünem, d) schwarzem Felde,
   2. silberner Hammer in derselben Stellung und in denselben Feldfarben,
   3. a) roter, b) blauer, c) grüner, d) schwarzer aufgerichteter Hammer in Gold,
   4. ebensolcher Hammer in Silber;

B. gestürzter (d. h. mit dem Eisen nach unten abgebildeter) Hammer in denselben Farben und Metallen;

C. querliegender Hammer in denselben Farben und Metallen;

D. schräggestellter Hammer in denselben Farben und Metallen.

Das sind schon 64 heraldische Variationen des einfachen Hammers im einfachen Schilde. Nun kommen erst die Schildteilungen dazu. Der Schild kann einfach oder mehrfach, glatt oder wellenförmig, gespalten (d. i. von oben nach unten abgeteilt), quergeteilt, schräggeteilt, geviert usw. sein, alles wieder in verschiedenen Farben und Metallen, und der Hammer dann wieder in den gegensätzlichen Tinkturen in ein beliebiges der entstandenen Felder oder auch über diese in den so geteilten Schild gestellt oder gelegt werden; jede dieser Varianten bildet ein eigenes Wappen. Dazu kommt dann noch die sehr beliebte Verdopplung oder sonstige Vervielfältigung so einfacher Figuren; und wenn man dann noch bedenkt, daß ja auch im Schilde gleiche Wappen durch verschiedenen Helmschmuck unterschieden werden können, so begreift man, daß die Varianten wachsen wie das Hirsekorn auf dem Schachbrett. Und dabei ist immer nur von den Abänderungen einer Schildfigur die Rede. So sehr nun auch von aller Überladung abgeraten werden muß, so empfehlenswert ist es dagegen, ein Wappen, welches eine so einfache und häufig vorkommende Figur wie den Hammer enthalten soll, durch Hinzunahme einer zweiten Figur, die aber auch einfach sein sollte, von anderen Hammerwappen abweichend zu gestalten. Die Verbindung mit einer solchen kann einmal eine direkte sein, man kann z. B. den Hammer etwa einem Fisch ins Maul, oder einem Vogel in den Schnabel geben, ihn von einer Löwenpranke oder einem menschlichen Arm halten bzw. schwingen, ihn aus Wolken kommen lassen oder auf einen Dreiberg stellen. Oder man kann ihn von kleineren Gegenständen, als Ringen, Nägeln, Kugeln, Sternen, heraldischen Rosen oder Lilien begleitet oder bewinkelt sein lassen. Man kann aber auch das Feld teilen oder spalten, in die eine Hälfte den Hammer und in die andere irgend ein anderes einfaches Wappenbild stellen. Vorzüglich passend für dies zweite Feld ist in einem bürgerlichen Wappen ein Anklang an die Vaterstadt, sei es durch Aufnahme etwa eines für diese charakteristischen Turmes oder Tores, durch Hinweis auf die geographische Lage (durch einen heraldischen Strom, Berg oder Bäume) oder durch teilweise Herübernahme von deren Wappen. Führt die Stadt etwa, wie so häufig, den Patron der Ortskirche in ihrem Wappen, so würde durch Aufnahme von dessen Attribut, also durch den Rost des Laurentius, den Schlüssel des Petrus, das Schwert des Paulus, das Rad der Katharina usw., das zweite Feld des Wappens für den Wappenherrn an Bedeutung gewinnen. Ein Heraldiker weiß das Hammermotiv noch viel reicher zu variieren; weitere Aufzählungen würden aber hier, wo Fachausdrücke zu vermeiden sind, zu umständlich werden. Jedenfalls sollte der, der vor der Wahl eines Wappens steht, zunächst irgend ein Wappenbuch durchblättern; es werden ihm daraus Anregungen in Menge zuströmen.

Wappen-Gruppen.

Es steht aber dem Bürger nicht nur wohl an, sich selbst ein Wappen zu wählen, sondern er kann auch, wenn es sich darum handelt, eine größere Fläche, etwa die Wände eines Zimmers, zu dekorieren, eine ganze

Gruppe von Wappen zusammenstellen, ohne im geringsten jemand zu nahe zu treten oder etwas zu schaffen, was keinen inneren Sinn hätte. Schon oben wurde bemerkt, daß der deutsche Adler (wenn er nicht in einem Schilde steht!) gewissermaßen ein Freizeichen sei, dessen sich jeder bedienen dürfe. Durch passende Zusammenstellung desselben mit dem speziellen Landes- oder Provinzialwappen, dem Orts- und dem eigenen Wappen läßt sich schon eine reiche Wirkung erzielen. Sie kann aber noch wesentlich dadurch gesteigert werden, daß man die Wappen des Heimatsortes der Frau, der Groß- und Schwiegereltern, oder der Städte, in denen ein Militär gedient, ein Beamter angestellt war, dazu nimmt.

Kein Staat und keine Stadt verbieten einem, sein Zimmer mit diesen Wappen auszuschmücken. Wohl aber wäre es, wenn es auch noch nicht geradezu mit Worten verboten ist, doch ein Zeichen von Mangel an Geschmack und Gefühl, wenn einer das Wappenbild einer Stadt unverändert zu dem seinigen machen, es z. B. in sein Siegel setzen wollte[1]).

Für die Richtung, nach der ein oder mehrere Wappen zu kehren sind, gilt ganz derselbe Takt wie für die Anordnung von Porträts auf einer Wandfläche. Der Schild mit dem Helm darüber gilt der Heraldik für den Wappenherrn selbst; ihre Terminologie gebraucht feinfühligerweise sogar die Begriffe: rechts und links nicht vom Beschauer, sondern vom Wappenträger aus. Nun ist es ja im allgemeinen ganz gleichgültig, ob ein einzelnes Porträt nach rechts oder nach links gewendet ist. So auch mit e i n e m Wappen. Doch ist es bräuchlich, dasselbe nach rechts zu wenden, wenn nicht besondere Umstände eine Linkswendung fordern. In Kirchen pflegt man das Wappen dem Altare zuzukehren; ein Wappen, welches als Gegenstück eines Porträts dienen soll, wendet man diesem zu; auf Buchdeckeln erscheint es oft ebenfalls heraldisch linkshin, also nicht dem Rücken, sondern dem Schnitt des Buches zugekehrt; ebenso läßt man

---

[1]) Staatswappen und Wappen eines inländischen Ortes ist (laut § 4, 2 des Gesetzes zum Schutze der Warenbezeichnung) die Eintragung in die Rolle der Warenzeichen zu versagen. In den Erläuterungen des Gesetzes heißt es (unter C): „Die Wappen sind schlechthin, auch als Teile eines Gesamtbildes, unzulässig. Indessen sind sie nur in ihrer besonderen heraldischen Gestaltung ausgeschlossen; einzelne Sinnbilder, Motive oder Figuren der Wappen dürfen verwertet werden.“ Nach § 16 wird der, welcher Waren oder deren Verpackung usw. mit dem Wappen eines Staates oder Ortes zu dem Zweck versieht, um über Beschaffenheit und Wert der Ware einen Irrtum zu erregen, mit einer hohen Strafe bedroht — und doch enthält die amtliche Musterrolle manche Ortswappen.

es im Innern eines Buches gerne gegen die entgegengesetzte Textseite schauen; kurz, wo ihm ein Gegenüber geboten ist, da darf es dieses anschauen, gleichviel ob es sich deshalb rechtshin oder linkshin wenden muß. Die Meinung, daß ein linkshin schauendes Wappen einen Makel habe, ist ein Märlein. Zwei Porträts wird man nicht so aufhängen, daß die Dargestellten sich den Rücken kehren; stehen beide in irgend einem Verhältnis zueinander, so fordert der Anstand, was die Symmetrie wünscht: sie einander zuzuwenden. Bei dreien wird man das mittlere geradeaus, die seitlichen zu diesem hinsehen lassen. Bei vieren und noch mehreren ist ein innerliches Zusammenschließen nur dann geboten, wenn es sich um Personen handelt, die Beziehungen zueinander haben, während die Bildnisse unter sich Fremder ganz nach Belieben alle nach der gleichen Richtung oder paarweise zugewendet oder von beiden Seiten nach einem Mittel schauen dürfen. Ganz so bei Wappen. Dagegen ist ein Gesetz streng zu beachten: der Helm kann, je nachdem sich die Helmzier besser darstellen läßt, beliebig nach vorn oder nach einer Seite gewendet werden; geschieht aber letzteres, so muß er nach derselben Richtung sehen wie der Schild; ebenso muß auch die Helmzier in der Richtung des Helmes gestellt sein (Fig. 1132).

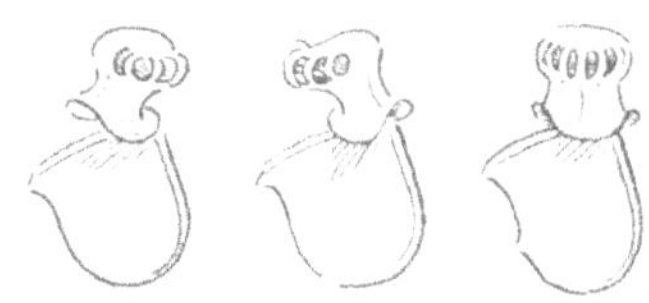

Falsche, richtige, richtige
Stellung vom Helm zum Schild.

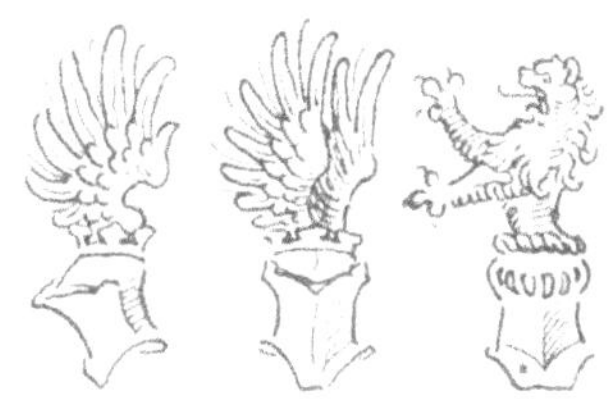

Falsche,

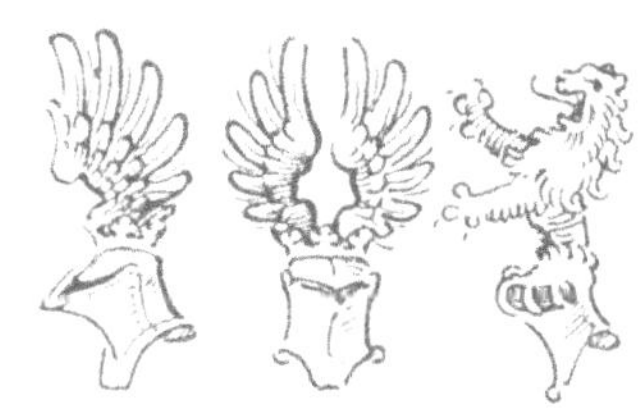

richtige
Stellung der Helmzier zum Helm.

Fig. 1132.

Diese Stellungen sind eben die, in denen der mit Schild und Helm gerüstete Reiter dem Zuschauer sich am deutlichsten darbot. Von diesem natürlichen Urbilde her ist auch der Gebrauch gekommen, bei Wappendarstellungen den Schild zu lehnen, also ganz so abzubilden, wie er vor der Brust des damit Bewaffneten erschien. Ob der Helm seitlich, also in der Schildrichtung, oder zum Beschauer gewendet zu zeichnen sei, darüber hat nur die bessere Darstellbarkeit der Helmzier zu entscheiden. Man kann sowohl die reine Profil-, als die reine en face-, als auch jede zwischen beiden liegende Wendung nehmen, je nachdem sich eben der Helmschmuck am schönsten entfaltet. Zu beachten ist, daß bei Tartschen, d. i. Schilden, die auf der einen Seite eine Einbuchtung, das Speerlager, haben, stets diese Seite vorn ist, das Schildbild also immer dieser zugewendet sein muß, es sei der Schild rechtshin oder linkshin gekehrt. Diese Einbuchtung hatte nämlich den Zweck, den Stoß des Speeres, der darin eingelegt wurde, sichern zu helfen; er war daher stets auf der rechten Seite des Reiters, wenn er den Schild vor die Brust hielt.

Wird das Wappen nach heraldisch-links schauend dargestellt, wie das namentlich bei Ehe-(Allianz-)Wappen der Brauch ist, wo das Wappen des Mannes heraldisch-rechts neben das der Frau gestellt, aber diesem zugewendet wird, dann kehrt sich bei ersterem eben alles nach links,

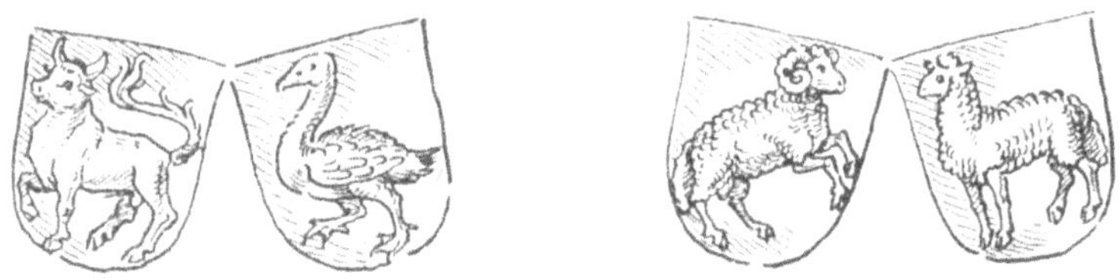

Falsche Richtige
Stellung der Figuren in einem Ehewappen.
Fig. 1133.

der Schild und der Helm, also auch das Schildbild und die Helmzier; auch das Speerlager erscheint dann auf der linken Seite des Schildes. Es ist ein ebenso häufiger als grober Verstoß gegen den heraldischen Anstand, wenn die Schilde der Gatten gegeneinander gelehnt sind, das Wappenbild des Mannes aber dem der Frau den Rücken zukehrt (Fig. 1133).

Wenn nun im vorstehenden auch die ersten Grundgesetze der künstlerischen Wappendarstellung so weit entwickelt worden sind, daß der Anfänger die gröbsten Fehler und die verbreitetsten Vorurteile erkennen und vermeiden kann, so muß doch jeder, der berufsmäßig Wappen zeichnen will, sich nicht nur mit den Grundmauern der Heraldik, sondern auch mit dem weiteren Aufbau, der Einrichtung und Ausschmückung derselben bekannt machen, sei es auf dem steilen, aber weit interessanteren Pfade des unmittelbaren Quellenstudiums, sei es auf dem mühelosen Fahrwege durch die Handbücher.

Bei der wachsenden Wappenfreude auch der Bürgerlichen wird ihm dies Wissen bald fruchtbringend werden. Und wenn ihm auch verhältnismäßig selten Gelegenheit gegeben sein wird, das Wappen eines alten Adelsgeschlechtes in seiner ursprünglichen stolzen Einfachheit darzustellen — weil eben viele dieser Familien noch das größte Gewicht auf den Haufen von Kleinigkeiten legen, mit dem die neuere und neueste Zeit das schöne alte Stammwappen oft bis zur Unkenntlichkeit bereichert und, wie man glaubte, verbessert hat, und der Zeichner sich also nolens volens den Vorschriften des betreffenden jüngsten Diploms fügen muß —, dann ist doch ein großer Unterschied, ob er mit heraldischem Verständnis oder ohne ein solches arbeitet. Im ersteren Falle wird er seine Sache so gut machen, als es unter den gegebenen Bedingungen möglich ist, im letzteren aber kann er nur die Zahl der irdischen Übel vermehren helfen.

XVIII

Das Gedächtniszeichnen

Von

Adalbert Micholitsch

Viele gute Zeichner und Maler sind nicht imstande, irgend etwas in befriedigender Weise aus dem Gedächtnisse nachzuzeichnen. Der berühmte Genremaler Ferd. Waldmüller z. B. mußte für jeden Strich das Modell benützen, und mancher Maler der Gegenwart befindet sich sicher in der gleichen Lage, wenn er es auch nicht so freimütig gesteht. Wie oft erblickt man in modernen Bildern Stellungen von Menschen und Tieren, welche zwar der photographische Momentapparat fixieren, das menschliche Auge aber infolge ihres blitzartigen Vorübergehens nicht erfassen kann, welche daher einen so unnatürlichen Eindruck auf uns machen, daß uns deren Möglichkeit erst durch Momentphotographien bewiesen werden muß. Diese Erscheinung läßt sich leicht erklären. Unser Auge hat ja große Ähnlichkeit mit einer photographischen Kammer. Beim photographischen Apparat genügt ein Bruchteil einer Sekunde, um das Bild auf der sehr empfindlichen Trockenplatte festzuhalten. Im Auge ruft dieses Bild — das „Netzhautbild" — eine Empfindung hervor; diese Empfindung wird durch die Nervenleitung dem Gehirne übermittelt, und nun erst kommt uns das Bild zum Bewußtsein. Dies letztere erfolgt jedoch nur, wenn wir einem Gegenstand unsere Aufmerksamkeit zuwenden, wenn wir ihn sehen wollen. Dieser Prozeß aber: das Empfinden, Zumbewußtseinkommen und das Wollen erfordert bedeutend mehr Zeit, als zur photographischen Aufnahme eines Momentbildes gehört. Bedenkt man, daß die Ortsveränderungen der Beine eines in Karriere dahinrennenden Pferdes so rasch erfolgen, daß der Momentverschluß des photographischen Apparates nur $^{1}/_{1000}$ Sekunde geöffnet sein darf, um irgend eine Momentstellung desselben zu erhaschen, so wird man zu der Überzeugung gelangen, daß der Mensch niemals imstande ist, irgend eine von diesen Stellungen wahrzunehmen, welche der photographische Apparat mühelos und treu festzuhalten vermag. Läßt man sich ein Pferd in den verschiedenen Gangarten vorreiten und beobachtet dabei die Bewegung seiner Beine genau, so wird man sehr bald bemerken, daß man nicht einmal bei einem im Schritt gehenden Pferd die Bewegungen aller vier Beine gleichzeitig auffassen kann, sondern einmal den Vorderbeinen und dann wieder den Hinterbeinen seine Aufmerksamkeit zuwenden muß. Bei schnellerer Gangart des Tieres sehen wir überhaupt keine einzelne Stellung der Beine mehr, sondern nur ihre Bewegung im allgemeinen.

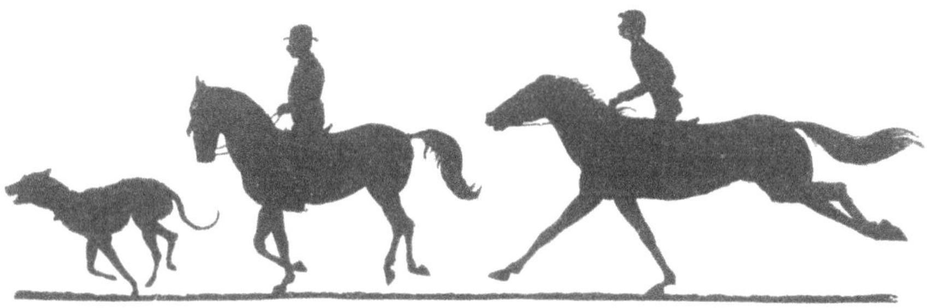

Fig. 1134. Seltsame Tierstellungen nach Momentaufnahmen von Anschütz in Lissa und Muybridge in San Francisco.

Figur 1135 zeigt zwanzig verschiedene Stellungen eines trabenden Pferdes. Die Serie ist vollkommen geschlossen und es macht die Vereinigung aller dieser Aufnahmen im Schnellseher vollständig den Eindruck eines im Trabe laufenden Pferdes. Sehen wir uns nun die einzelnen Stellungen genauer an. Die Stellungen 1, 2, 10, 11, 12, 13 und 20 (s. Fig. 1135) machen zwar den Eindruck des Laufens, die Beine sind aber zum Teil so steif gestellt, wie wir sie bei trabenden Pferden nicht für möglich halten. Keine der Aufnahmen kann zur Darstellung eines trabenden Pferdes verwendet werden. Man erblickt eben keine von allen diesen Stellungen für sich allein, sondern empfängt einen Totaleindruck. Diejenige Zeichnung, welche diesen Gesamteindruck am besten wiedergibt, wird daher auch am ehesten den Eindruck eines trabenden Pferdes hervorbringen (Fig. 1136).

Aus dem Bisherigen erhellt, daß man Momentphotographien gerade in jenen Fällen am wenigsten gebrauchen kann, in welchen sie heutzutage am meisten verwendet werden. Soll der Künstler also die Momentphotographien ganz unbeachtet lassen? Gewiß nicht; denn nichts ist z. B. mehr geeignet, die verschiedenen Bewegungen von Menschen und Tieren anschaulich zu machen, als die Serienaufnahmen, welche man im Schnellseher wieder in Bewegung umsetzt; aber weit gefehlt wäre es, wenn jemand glauben wollte, die Momentphotographie vermöge das Studium der lebenden Natur zu ersetzen. Hier gilt noch immer, was

Leonardo da Vinci sagt: „Sei oft und gern aufgelegt, beim Spazierengehen die Situationen und Stellungen der Leute anzusehen und zu beobachten, wenn diese miteinander reden, streiten, lachen oder raufen, welche Gebärden dann an ihnen hervorkommen, und welche Gebärden die Umstehenden machen, die sie auseinander bringen wollen, oder die sich die Sache mit anschauen. Und die bemerke dir mit flüchtigen Strichen in ein kleines Büchelchen, das du stets bei dir tragen mußt.“ Freilich müßten die Maler, um den Rat des Leonardo zu befolgen, im-

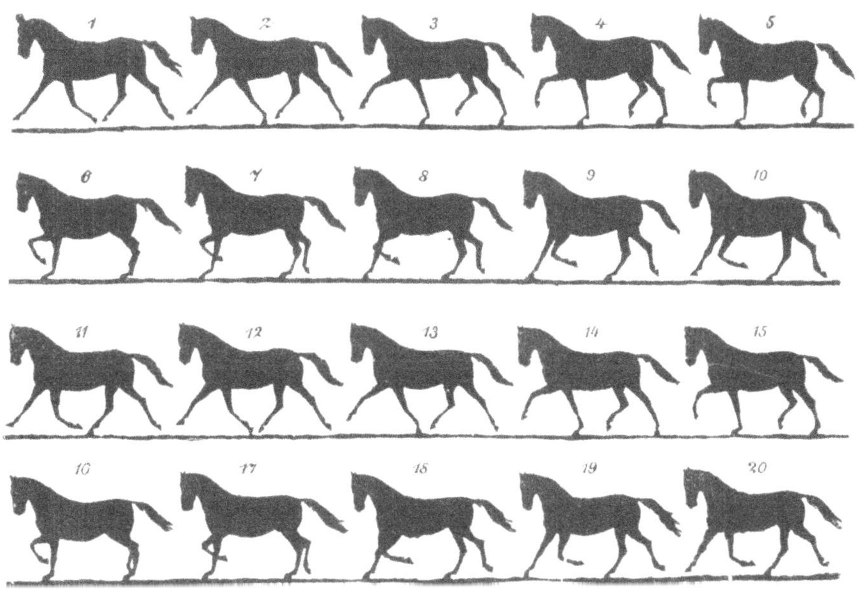

Fig. 1135.

stande sein, die Bewegungen der Gestalten, welche sie nur kurze Augenblicke wahrgenommen haben, aus dem Gedächtnisse nachzuzeichnen. Diese Fähigkeit besitzen aber viele nicht, *weil sie sich von Jugend auf an eine viel zu oberflächliche Betrachtung der Dinge gewöhnt haben*. Sie betrachten die Dinge erst dann mit prüfenden und abschätzenden Blicken, wenn sie nach denselben zeichnen. Daher ist der Formenschatz, den sie ihrem Gedächtnisse einverleibt haben, ein geringer. Es ist aber nicht nur für den Maler, sondern auch für jeden anderen Menschen außerordentlich fördernd, von allen Dingen und Erscheinungen, welche stündlich an ihm vorüberziehen, nicht bloß eine klare Vorstellung zu gewinnen, sondern diese Vorstellungen auch in seinem Gedächtnis zu bewahren. Von jedem Ding, das er aufmerksam zeichnet, bekommt er eine solche Vorstellung, kann jedoch verhältnismäßig nur wenig von den wahrgenommenen Dingen zeichnen, weil ihm dazu die nötige Zeit mangelt; will er daher die große Menge derselben in Form und Farbe, überhaupt in ihrer Wesenheit erfassen, so muß er sich gewöhnen, alles so anzusehen, als ob er es zeichnen wollte. Ist ihm dies zur Gewohnheit geworden, so wird seinen Blicken nichts Wesentliches entgehen, und er wird irgend eine Form der Hauptsache nach sofort vor Augen haben, wenn die Erinnerung an dieselbe in ihm wachgerufen wird. — Das Gedächtniszeichnen ist ein vorzügliches Mittel, die Schüler zu einem intensiven Betrachten der Dinge anzuregen, indem man sie eine ihren Fähigkeiten entsprechende Arbeit vollständig aus dem Gedächtnisse ausführen läßt. Die Schüler zeichnen entweder etwas aus dem Gedächtnisse nach, was mit ihnen in einer vorhergegangenen Stunde durchgearbeitet worden ist, oder sie arbeiten nach einem ihnen bisher unbekannten Vorbilde oder Modell, das mit ihnen, bevor sie zu arbeiten beginnen, eingehend besprochen worden ist. Diese Besprechungen müssen bei den ersten Übungen sehr eingehend sein; später genügen einige Hinweise. Die erste Übung, nämlich das Nachzeichnen einer schon einmal ausgeführten Arbeit, gibt dem Lehrer auch die Gelegenheit, flinkere Schüler, welche die gemeinsame Aufgabe früher vollendet haben als ihre minder begabten Genossen, eine schon einmal angefertigte Arbeit auf einer freien Stelle des Zeichenblattes aus dem Gedächtnis skizzieren zu lassen. Das Gedächtniszeichnen darf aber nicht zu selten vorgenommen werden. Wer sein eigener Lehrer ist, soll von jeder Zeichnung, die er angefertigt hat, eine Skizze aus dem Gedächtnis entwerfen und dieselbe

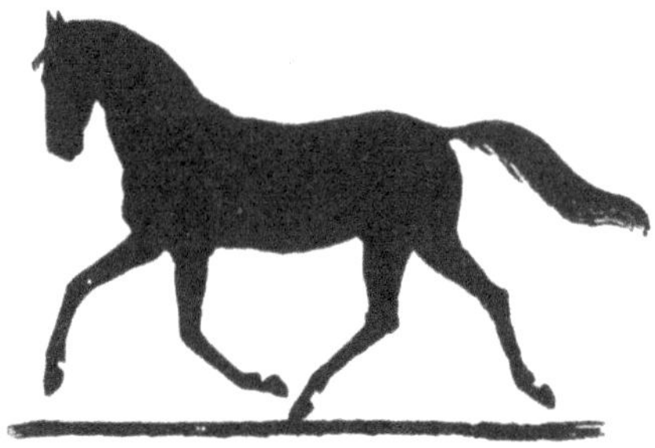

Fig. 1136.

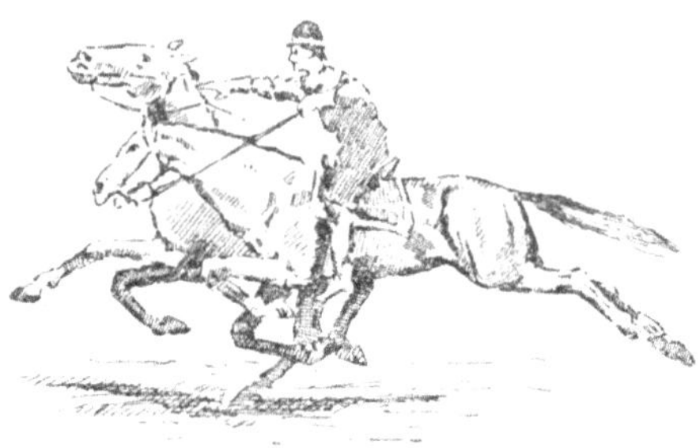

Fig. 1137. Nach einer Tuschskizze eines modernen Künstlers. Die Pferde lassen den Einfluß der Momentphotographie deutlich erkennen.

www.ingramcontent.com/pod-product-compliance
Lightning Source LLC
LaVergne TN
LVHW080756300926
849162LV00008BA/1832
* 9 7 8 3 1 1 2 6 7 8 1 9 0 *